LE MÉCANISME DU FLUTEUR AUTOMATE,

Présenté à Messieurs de l'Académie Royale des Sciences.

Par M. VAUCANSON, *Auteur de cette Machine.*

A PARIS,

Chez JACQUES GUERIN, Imprimeur-Libraire, Quai des Augustins.

ET

A l'Hôtel de Longueville, dans la Salle du Fluteur.

M. DCC. XXXVIII.

AVEC PERMISSION DU ROI.

LE MÉCANISME DU FLUTEUR AUTOMATE,

Présenté à Messieurs de l'Académie Royale des Sciences.

Par M. VAUCANSON, *Auteur de cette Machine.*

ESSIEURS,

MOINS sensible aux applaudissemens du Public, que jaloux du bonheur de mériter les vôtres, je viens vous découvrir que ce n'est qu'en suivant vos traces que je me ſuis ſoûtenu avec quelque ſuccès dans la route que j'ai tenuë, pour l'exécution de mon Projet. Vous allez reconnoître vos leçons dans mon Ouvrage. Il ne s'eſt élevé que ſur les ſolides principes de Mécanique, que j'ai puiſés chez vous.

Je vous dois les réflexions que j'ai faites ſur le ſon des Inſtrumens, ſur la Mécanique, & ſur les divers Mouvemens des parties qui ſervent à leur Jeu; celles que j'ai faites ſur celui de la Flute Traverſiere compoſeront la premiere Partie de ce Memoire. Dans la ſeconde, j'aurai l'honneur de vous détailler les Pieces contenuës dans mon Ouvrage, leurs différens Mouvemens, & leur Effet.

PREMIERE PARTIE.

Mon premier ſoin a été d'examiner d'abord l'embouchure des Inſtrumens à vent, de bien connoître de quelle maniere on pouvoit en tirer du ſon, les parties qui y contribuoient, & comment il pouvoit être modifié.

Vous ſçavez, Meſſieurs, que l'embouchure d'une Flute Traverſiere différe de celle des autres Inſtrumens à vent, tels que la Flute à bec, le Flageolet, & le Tuyeau d'Orgue, en ce que dans celle de ces derniers, le vent introduit dans un trou étroit, mais déterminé, vient fraper les particules du Corps de l'Inſtrument, qui ſe trouvent immédiatement au-deſſous; ſçavoir, le Bizeau: & par la promptitude de ſon retour, & ſa réaction ſur les particules qui l'environnent, il eſt obligé de ſouffrir une violente colliſion. Communiquant ainſi ſes vibrations à toutes les particules du bois de la Flute, qui à leur tour les communiquent à tout l'air extérieur qui les environne, il produit en nous le ſentiment du ſon.

Mais l'embouchure dans la Flute Traverſiere eſt indéterminée, en ce qu'elle conſiſte dans l'émiſſion du vent, par une iſſuë plus ou moins grande que forme l'éloignement ou la réünion des lévres ; leur position plus ou moins proche du trou de la Flute, ou plus ou moins avancée sur le bord de ce même trou.

Toutes ces différences, que je réduis au nombre de quatre dans l'embouchure de la Flute Traversiere, la rendent, dans son Jeu, susceptible d'une infinité d'agrémens & de perfections, que n'ont pas les autres Instrumens à Vent, dont l'embouchure est déterminée ; ce que je ferai voir dans l'explication que je donnerai plus bas de ces différens Mouvemens.

Le Son étant produit d'abord par les vibrations de l'air & des particules du Corps de la Flute, n'est déterminé que par la vitesse ou la lenteur de ces mêmes vibrations. Sont-elles obligées de se continuer, en tems égal, dans une plus grande quantité de particules du Corps frapé ? plus elles perdent de leur Mouvement, & par conséquent de leur vitesse ; & ainsi devenant plus lentes dans le même tems, elles produisent un Son moins vif : ce qui fait les Tons graves, autrement les Tons bas.

C'est ce qui arrive lorsque tous les trous de la Flute sont bouchés. Les vibrations dans leur origine qui se trouvent précisement au trou de l'embouchure, sont obligées de se communiquer à toutes les particules du bois dans un même tems : elles se trouvent donc subitement ralenties, puisque leur force se trouve infiniment partagée : la Flute donnera donc le ton le plus bas.

Ouvre-t'on le premier trou du bas de la Flute ? les vibrations trouvent plûtôt une issue, qui interrompt leur continuation dans le reste des particules du corps de la Flute : Elles en ont donc moins à frapper (le tuyau étant racourci par l'ouverture du trou) : Perdant ainsi un peu moins de leur force, puisqu'il se trouve moins de particules avec qui elles soient obligées de se partager, elles auront un peu plus de vitesse ; elles seront plus promptes dans le même tems, elles produiront un son moins grave, & ce sera un ton au-dessus. Les autres tons hausseront par gradation, à mesure qu'on débouchera les trous supérieurs.

Quand on ſera parvenu à déboucher le trou qui ſe trouve le plus près de l'embouchure, pour lors ce trou partageant l'eſpace intérieur de la Flute en deux parties égales, les vibrations trouveront une iſſue dans le milieu du chemin qu'elles auroient à faire pour ſe continuer juſqu'au bout du tuyau ; elles ſortiront donc avec la moitié plus de leur force & de leur viteſſe, ayant la moitié moins de particules avec qui elles ſoient obligées de ſe partager ; elles produiront donc un ſon double, & ce ſera l'octave. Mais comme une partie de ces vibrations ſe communique toujours à l'autre moitié du corps de la Flute, il faudra forcer un peu le vent pour produire dans ces vibrations des accélérations, qui ſuppléeront, par l'augmentation de leur mouvement, à celles qui ſe perdent dans l'autre moitié de la Flute : alors on aura une octave pleine. Ce ton ſe fait auſſi en bouchant tous les trous de la Flute, comme dans celui de la premiere octave : mais il faut doubler la force du vent, pour produire les vibrations doubles dans tout le corps de la Flute ; ce qui revient au même.

C'eſt ce qui ſe pratique dans les tons de la ſeconde octave, où la poſition des doits & l'ouverture des trous ſont les mêmes que dans la premiere ; on eſt obligé de donner le vent avec une double force, pour produire des vibrations doublées dans un même tems : alors tous les tons ſe trouveront doubles ; c'eſt-à-dire à l'octave, puiſque le ſon plus ou moins aigu conſiſte dans plus ou moins de vibrations en tems égal.

On ſera encore obligé de donner le vent avec une force triple pour former la triple octave ; mais les vibrations ſi ſubitement redoublées, ne pouvant trouver une iſſue ſuffiſante dans le premier trou pour interrompre leur continuité dans le reſte du corps de la Flute, à cauſe de leur extrême viteſſe, on ſera obligé de déboucher pluſieurs trous dans le bas de la Flute ; ainſi le tuyau devenant plus ouvert, les vibrations auront une iſſue plus grande, & on formera un ton plein & bien ouvert, ſans être obligé même de donner un vent tout-à-fait triple.

C'eſt par ces changemens d'ouvertures, différentes de celles qu'on eſt obligé de faire pour les tons naturels, qu'on donne une iſſue plûtôt ou plus tard, & plus ou moins grande pour former les ſemi-tons : ce qu'il faut faire auſſi dans les derniers tons hauts, où il faut donner une iſſue plûtôt, & plus grande, pour que les vibrations ne perdent pas de leur viteſſe en ſe communiquant à trop de particules du corps de la Flute.

Il ne reſte plus qu'à voir comment le vent ſe trouve modifié; quelles ſont les parties qui contribuent à l'envoyer avec plus ou moins de force dans une perſonne vivante.

La preſſion des muſcles pectoraux ſur les poûmons force l'air de ſortir des veſſicules qui le renferment. Arrivé juſqu'à la bouche par le tuyau nommé Trachée artere, il en ſort par l'ouverture que forment les deux lévres appliquées ſur le trou de la Flute. Sa plus ou moins grande force dépend premiérement de la preſſion plus ou moins grande des muſcles de la poitrine, qui le font ſortir de ſon réſervoir ; ſecondement, de l'ouverture plus ou moins grande que forment les lévres à ſa ſortie : de ſorte que lorſqu'il eſt queſtion d'envoyer un vent foible, les muſcles agiſſent pour lors foiblement, & les lévres formant une large ouverture, il ſe trouve pouſſé avec lenteur ; par conſéquent ſon retour produiſant des vibrations également lentes, & ralenties encore par leur communication à toutes les particules du bois de la Flute, il formera des tons bas.

Mais lorſqu'il ſera queſtion de monter à l'octave, c'eſt-à-dire de former des tons doubles, les muſcles agiront alors avec un peu plus de force, & les lévres en ſe raprochant diminueront tant ſoit peu leur ouverture ; le vent comprimé plus fortement, & trouvant une iſſue plus petite, redoublera de viteſſe & produira des vibrations doubles : on aura des tons doubles, c'eſt-à-dire à l'octave. A meſure qu'on voudra monter dans les tons hauts, les muſcles agiront avec plus de force, & les lévres ſe rétreſſiront proportionnellement, pour que le vent pouſſé plus vivement & forcé de ſortir dans un même tems par une iſſue plus petite, augmente considérablement de vitesse, & produise conséquemment des vibrations accélérées qui formeront des tons aigus.

Mais la Flute traversiere ayant (comme je l'ai déja dit) cette différence d'avec les autres Instrumens à vent, en ce que son embouchure est indéterminée, les avantages qui en résultent, sont de ménager le vent par le plus ou le moins d'ouverture des lévres, & par leur position différente sur le trou de la Flute, & de pouvoir tourner la Flute en dedans & en dehors. C'est par ces moiens qu'on peut enfler & diminuer les sons, faire le doux & le fort, former des échos, donner enfin la grace & l'expression aux airs que l'on joue; avantages qui ne se trouvent point dans les Instrumens où l'embouchure est déterminée: ce que je vais faire voir en expliquant la Mécanique de toutes ces différentes opérations sur la Flute traversiere.

Le son consistant dans les vibrations de l'air, produites par son entrée dans la Flute & par son retour sur celui qui lui succéde, si par une position particuliere des lévres il entre dans toute la largeur du trou de la Flute, c'est-à-dire, par la plus longue corde qui en est le vrai diametre (ce qui se fait en la tournant en dehors (il frappe alors une plus grande quantité de particules du bois, & à son retour trouvant une issue également grande, il se communique à une plus grande quantité d'air extérieur, & c'est ce qui produit les tons forts.

Mais lorsqu'en tournant la Flute en dedans, les lévres couvrent plus de la moitié du trou, le vent entrant par un plus petit trou, & ne pouvant retourner que par le même, pour se communiquer à l'air extérieur, il n'en peut frapper qu'une moindre quantité, & c'est ce qui rend le son foible; ces deux différences peuvent avoir plusieurs dégrés, qui dépendent des lévres placées sur une plus grande ou plus petite corde du trou de la Flute, en la tournant plus ou moins en dehors, ou en dedans.

Lorsqu'il est donc question d'enfler un son, on tourne d'abord la Flute en dedans, afin que les lévres s'avançant ſur le bord du trou, ne puiſſent laiſſer entrer ni ſortir qu'une petite quantité de vent,qu'on envoye alors foiblement pour produire un ſon foible; tournant enſuite inſenſiblement la Flute en dehors, les lévres permettront une iſſue & un retour plus grand au vent, qu'on a ſoin de pouſſer avec plus de force, pour pouvoir ſe communiquer à une plus grande quantité d'air, & par-là augmenter le ſon ou le diminuer de nouveau, en retournant inſenſiblement la Flute en dedans, comme dans la premiere opération.

Toutes ces variations d'embouchure peuvent être faites dans un ſeul ton quelconque, ſoit dans le haut, ſoit dans le bas; parce que le vent, quoique pouſſé par différens degrés de viteſſe pendant ce même ton qu'on veut enfler ou diminuer, doit toujours être reglé pour produire les vibrations qui déterminent un tel ton: au commencement que le ſon ſera foible, parce qu'il frappera une plus petite quantité d'air extérieur, il ne laiſſera pas d'avoir des vibrations égales à celles qui ſeront produites dans le milieu du ton où le ſon augmentera de force, parce qu'il ſe communiquera à une plus grande quantité d'air; les vibrations plus ou moins fortes, ne dépendant pas de leur viteſſe, mais de la quantité de parties qu'elles occupent & qu'elles mettent en mouvement.

Veut-on former un ſon foible en écho? on place les lévres tout-à-fait ſur le bord du trou, en tournant beaucoup la Flute en dedans; le ſon ne pouvant alors ſe communiquer qu'à une très-petite quantité d'air extérieur, par un ſi petit trou, ſemble nous faire entendre un ſon lointain; en frappant foiblement notre organe.

Voilà des reſſources, qu'on ne peut trouver dans les Inſtrumens, où l'embouchure eſt déterminée & invariable.

Il ne reſte plus qu'à expliquer le coup de langue, qui eſt abſolument néceſſaire pour le jeu de tous les Inſtrumens à vent.

Le coup de langue n'eſt autre choſe qu'une courte interruption du vent, cauſée par l'interpoſition du bout de la langue au paſſage que lui forment les lévres.

Voilà, MESSIEURS, quelles ont été mes réflexions ſur le ſon des Inſtrumens à vent, & ſur la maniere de le modifier. C'eſt ſur ces cauſes Phyſiques que j'ai eſſayé d'appuyer mes recherches, en imitant une ſemblable Mécanique dans un Automate, à qui j'ai taché de faire produire un ſemblable effet en le faiſant joüer de la Flute. Les parties qui le compoſent, leur ſituation, leur connexion & leurs effets, vont faire, comme je me le ſuis propoſé, la ſeconde partie de ce Mémoire.

SECONDE PARTIE.

La Figure eſt de cinq pieds & demi de hauteur environ, aſſiſe ſur un bout de Roche, placée ſur un pied d'eſtal quarré, de quatre pieds & demi de haut ſur trois pieds & demi de large.

A la face antérieure du pied d'eſtal (le panneau étant ouvert) on voit à la droite un mouvement, qui à la faveur de pluſieurs roués, fait tourner en deſſous un axe d'acier de deux pieds ſix pouces de long, coudé en ſix endroits dans ſa longueur, par égale diſtance, mais en ſens différens: à chaque coude ſont attachés des cordons, qui aboutiſſent à l'extrémité des panneaux ſupérieurs de ſix ſoufflets de deux pieds & demi de long, ſur ſix pouces de large, rangés dans le fond du pied d'eſtal, où leur panneau inférieur eſt attaché à demeure; de ſorte que l'axe tournant, les ſix ſoufflets ſe hauſſent & s'abaiſſent ſucceſſivement les uns après les autres.

A la face poſtérieure, au-deſſus de chaque ſoufflet, eſt une double poulie, dont les diamétres ſont inégaux, ſçavoir, l'un de trois pouces & l'autre d'un pouce & demi; & cela, pour donner plus de levée aux ſoufflets, parceque les cordons qui y ſont attachés vont ſe rouler ſur le plus grand diamétre de la poulie, & ceux qui ſont attachés à l'axe qui les tire, ſe roulent ſur le petit.

Sur le grand diamétre de trois de ces poulies, du côté droit, ſe roulent auſſi trois cordons, qui par le moyen de pluſieurs petites poulies, aboutiſſent aux panneaux ſupérieurs de trois soufflets placés sur le haut du bâti, à la face antérieure & supérieure.

La tension qui se fait à chaque cordon, lorsqu'il commence à tirer le panneau du soufflet où il est attaché, fait mouvoir un lévier placé au-dessus, entre l'axe & les doubles poulies, dans la région moyenne & inférieure du bâti. Ce lévier, par différens renvois, aboutit à la soûpape qui se trouve au-dessous du panneau inférieur de chaque soufflet, & la soutient levée, afin que l'air y entre sans aucune résistance, tandis que le panneau supérieur, en s'élevant, en augmente la capacité. Par ce moyen, outre la force que l'on gagne, on évite le bruit que fait ordinairement cette soûpape, causé par le tremblement que l'air lui fait faire en entrant dans le soufflet; ainsi les neuf soufflets sont mûs sans secousse, sans bruit, & avec peu de force.

Ces neufs soufflets communiquent leur vent dans trois tuyaux différens & séparés. Chaque tuyau reçoit celui de trois soufflets; les trois qui sont dans le bas du bâti, à droite par la face antérieure, communiquent leur vent à un tuyau qui regne en devant sur le montant du bâti du même côté, & ces trois là sont chargés chacun d'un poids de quatre livres; les trois qui sont à gauche dans le même rang, donnent leur vent dans un semblable tuyau qui regne pareillement sur le montant du bâti du même côté, & ne sont chargés chacun que d'un poids de deux livres; les trois qui sont sur la partie supérieure du bâti, donnent aussi leur vent à un tuyau qui regne horisontalement sous eux & en devant; ceux-ci ne sont chargés que du poids de leur simple panneau.

Ces trois tuyaux, par différens coudes, aboutissent à trois petits réservoirs placés dans la poitrine de la Figure. Là, par leur réünion, ils en forment un seul, qui montant par le gosier, vient, par son élargissement, former dans la bouche une cavité terminée, par deux especes de petites lévres qui posent sur le trou de la Flute; ces lévres donnent plus ou moins d'issue au vent par leur plus ou moins d'ouverture, & ont un mouvement particulier pour s'avancer & se reculer.

En dedans de cette cavité eſt une petite languette mobile, qui par ſon jeu peut ouvrir & fermer au vent le paſſage que lui laiſſent les lévres de la Figure.

Voilà par quel moyen le vent a été conduit juſqu'à la Flute. Voici ceux qui ont ſervi à le modifier.

A la face antérieure du bâti à gauche, eſt une autre mouvement, qui à la faveur de ſon rouage, fait tourner un cilindre de deux pieds & demi de long ſur ſoixante-quatre pouces de circonférence; ce cilindre eſt diviſé en quinze parties égales, d'un pouce & demie de diſtance.

A la face poſtérieure & ſupérieure du bâti eſt un clavier trainant ſur ce cilindre, compoſé de quinze léviers très-mobiles, dont les extrémités du côté du dedans ſont armées d'un petit bec d'acier, qui répond à chaque diviſion du cilindre.

A l'autre extrémité de ces léviers ſont attachés des fils & chaînes d'acier, qui répondent aux différens réſervoirs de vent, aux doigts, aux lévres, & à la langue de la Figure. Ceux qui répondent aux différens réſervoirs de vent, ſont au nombre de trois, & leurs chaînes montent perpendiculairement derriere le dos de la Figure, juſques dans la poitrine où ils ſont placés, & aboutiſſent à une ſoûpape particuliere à chaque réſervoir; cette ſoûpape étant ouverte, laiſſe paſſer le vent dans le tuyau de communication, qui monte, comme je l'ai déja dit, par le goſier dans la bouche.

Les léviers, qui répondent aux doigts, ſont aux nombre de ſept, & leurs chaînes montent auſſi perpendiculairement juſqu'aux épaules, & là, ſe coudent pour s'inſérer dans l'avant-bras juſqu'au coude, où elles ſe plient encore pour aller le long du bras juſqu'au poignet, où elles ſont terminées chacune par une charniere, qui ſe joint à un tenon que forme le bout du lévier contenu dans la main, imitant l'os que les Anatomiſtes appellent Métacarpe, & qui, comme lui, forme une charniere avec l'os de la premiere phalange, de façon que la chaîne étant tirée, le doigt puiſſe ſe lever.

Quatre de ces chaînes s'insérent dans le bras droit, pour faire mouvoir les quatre doigts de cette main, & trois dans le bras gauche pour trois doigts, n'y ayant que trois trous qui répondent à cette main.

Chaque bout de doigt est garni de peau, pour imiter la mollesse du doigt naturel, afin de pouvoir boucher le trou exactement.

Les léviers du clavier, qui répondent au mouvement de la bouche, sont au nombre de quatre : les fils d'acier qui y sont attachés forment des renvois, pour parvenir dans le milieu du rocher en dedans ; & là, ils tiennent à des chaînes, qui montent perpendiculairement & parallelement à l'épine du dos dans le corps de la Figure ; & qui passant par le col, viennent dans la bouche s'attacher aux parties, qui font faire quatre différens mouvemens aux lévres intérieures ; l'un fait ouvrir ces lévres pour donner une plus grande issuë au vent ; l'autre la diminue en les rapprochant ; le troisiéme les fait retirer en arriere ; & le quatriéme les fait avancer sur le bord du trou.

Il ne reste plus sur le clavier qu'un lévier, où est pareillement attachée une chaîne, qui monte ainsi que les autres, & vient aboutir à la languette, qui se trouve dans la cavité de la bouche derriere les lévres, pour emboucher le trou, comme je l'ai dit ci-dessus.

Ces quinze léviers répondent aux quinze divisions du cilindre par les bouts où sont attachés les becs d'acier, & à un pouce & demi de distance les uns des autres ; le cilindre venant à tourner, les lames de cuivre placées sur ses lignes divisées, rencontrent les becs d'acier, & les soûtiennent levés plus ou moins long-tems, suivant que les lames sont plus ou moins longues ; & comme l'extrémité de tous ces becs forme entr'eux une ligne droite, parallele à l'axe du cilindre, coupant à angle droit toutes les lignes de division, toutes les fois qu'on placera à chaque ligne une lame, & que toutes leurs extrémités formeront entr'elles une ligne également droite, & parallele à celle que forme les becs des léviers, chaque extrémité de lame (le cilindre retournant) touchera & soulevera dans le même instant chaque bout de lévier ; & l'autre extrémité des lames formant également une ligne droite, & parallele à la premiere par leur égalité de longueur, chacune laissera échapper son lévier dans le même tems. On conçoit aisément par-là, comment tous les léviers peuvent agir, & concourir tous à la fois à une même opération, s'il est nécessaire.

Quand il n'est besoin de faire agir que quelques léviers, on ne place des lames qu'aux divisions où répondent ceux qu'on veut faire mouvoir : on en détermine même le tems, en les plaçant plus ou moins éloignées de la ligne que forme les becs : on fait cesser aussi leur action plûtôt ou plûtard en les mettant plus ou moins longues.

L'extrémité de l'axe du cilindre du côté droit est terminée par une vis sans fin à simples filets, distans entr'eux d'une ligne & demie, & au nombre de douze ; ce qui comprend en tout l'espace d'un pouce & demi de longueur, égal à celui des divisions du cilindre.

Au-dessus de cette vis est une piece de cuivre immobile, solidement attachée au bâti, à laquelle tient un pivot d'acier d'une ligne environ de diamétre, qui tombe dans une canelure de la vis, & lui sert d'écrouë ; de façon que le cilindre est obligé en tournant de suivre la même direction que les filets de la vis, contenu par le pivot d'acier qui est fixe : ainsi chaque point du cilindre décrira continuellement en tournant une ligne spirale, & fera par conséquent un mouvement progressif, qui est de droite à gauche.

C'est par ce moyen que chaque division du cilindre, déterminée d'abord sous chaque bout de lévier, changera de point à chaque tour qu'il fera, puisqu'il s'en éloignera d'une ligne & demi, qui est la distance qu'ont les filets de la vis entr'eux.

Les bouts des léviers attachés au clavier restant donc immobiles, & les points du cilindre ausquels ils répondent d'abord, s'éloignant à chaque instant de la perpendiculaire en formant une ligne ſpirale, qui par le mouvement progreſſif du cilindre eſt toujours dirigée au même point, c'eſt-à-dire, à chaque bout de lévier; il s'enſuit que chaque bout de lévier trouve à chaque inſtant des points nouveaux ſur les lames du cilindre, qui ne ſe repétent jamais, puiſqu'elles forment entr'elles des lignes ſpirales, qui font douze tours ſur le cilindre, avant que le premier point de diviſion vienne ſous un autre lévier, que celui ſous lequel il a été déterminé en premier lieu.

C'eſt dans cet eſpace d'un pouce & demi qu'on place toutes les lames, qui forment elles-mêmes les lignes ſpirales, pour faire agir le lévier, ſous qui elles doivent toutes paſſer pendant les douze tours que fait le cilindre.

A meſure qu'une ligne change pour ſon lévier, toutes lès autres changent pour le leur; ainſi chaque lévier a douze lignes de lames de 64. pouces de diamétre, qui paſſent ſous lui, & qui font entr'elles une ligne de 768. pouces de long. C'eſt ſur cette ligne que ſont placées toutes les lames ſuffiſantes pour l'action du lévier durant tout le jeu.

Il ne reſte plus qu'à faire voir comment tous ces différens mouvemens ont ſervi à produire l'effet que je me ſuis propoſé dans cet Automate, en les comparant avec ceux d'une perſonne vivante.

Eſt-il queſtion de lui faire tirer du ſon de ſa Flute, & de former le premier ton, qui eſt le *ré* d'en bas? Je commence d'abord à diſpoſer l'embouchure; pour cet effet, je place ſur le cilindre une lame deſſous le lévier, qui répond aux parties de la bouche, ſervant à augmenter l'ouverture que font les lévres. Secondement, je place une lame ſous le lévier, qui ſert à faire reculer ces mêmes lévres. Troiſiémement, je place une lame ſous le lévier, qui ouvre la ſoûpape du réſervoir du vent qui vient des petits ſoufflets, qui ne ſont point chargés. Je place en dernier lieu une lame ſous le lévier, qui fait mouvoir la languette pour donner le coup de langue; de façon que ces lames venant à toucher dans le même tems les quatre léviers, qui servent à produire les susdites opérations, la Flute sonnera le *ré* d'en bas.

Par l'action du lévier qui sert à augmenter l'ouverture des lévres, imite l'action de l'homme vivant, qui est obligé de l'augmenter dans les tons bas.

Par le lévier qui sert à faire reculer les lévres, j'imite l'action de l'homme, qui les éloigne du trou de la Flute en la tournant en dehors.

Par le lévier qui donne le vent provenant des soufflets, qui ne sont chargés que de leur simple panneau, j'imite le vent foible que donne alors l'homme, vent qui n'est pareillement poussé hors de son réservoir, que par une légere compression des muscles de la poitrine.

Par le lévier qui sert à faire mouvoir la languette, en débouchant le trou que forment les lévres pour laisser passer le vent, j'imite le mouvement que fait aussi la langue de l'homme, en se retirant du trou pour donner passage au vent, & par ce moyen lui faire articuler une telle note.

Il résultera donc de ces quatre opérations différentes, qu'en donnant un vent foible, & le faisant passer par une issuë large dans toute la grandeur du trou de la Flute, son retour produira des vibrations lentes, qui seront obligées de se continuer dans toutes les particules du corps de la Flute, puisque tous les trous se trouveront bouchés, & suivant le principe établi dans mes réflexions ci-dessus, la Flute donnera un ton bas; c'est ce qui se trouve confirmé par l'expérience.

Veux-je lui faire donner le ton au-dessus, sçavoir le *mi*, aux quatre premieres opérations pour le *ré*, j'en ajoûte une cinquiéme; je place une lame sous le lévier, qui fait lever le troisiéme doigt de la main droite pour déboucher le sixiéme trou de la Flute, & je fais approcher tant soit peu les lévres du trou de la Flute, en baissant tant soit peu la lame du cilindre, qui tenoit le lévier élevé pour la premiere note, sçavoir le *ré*. Ainsi donnant plûtôt aux vibrations une issuë, en débouchant le premier

trou

trou du bout, ſuivant ce que j'ai dit ci-deſſus, la Flute doit ſonner un ton au-deſſus; ce qui eſt auſſi confirmé par l'expérience.

Toutes ces opérations ſe continuent à peu-près les mêmes dans les tons de la premiere octave, où le même vent ſuffit pour les former tous; c'eſt la différente ouverture des trous, par la levée des doigts, qui les caractériſe: on eſt ſeulement obligé de placer ſur le cilindre des lames ſous les léviers, qui doivent lever les doigts pour former un tel ton.

Pour avoir les tons de la ſeconde octave, il faut changer l'embouchure de ſituation, c'eſt-à-dire, placer une lame deſſous le lévier, qui contribue à faire avancer les lévres au-delà du diamétre du trou de la Flute, & imiter par-là l'action de l'homme vivant, qui en pareil cas tourne la Flute un peu en dedans.

Secondement il faut placer une lame ſous le lévier, qui en faiſant rapprocher les deux lévres, diminue leur ouverture; opération que fait pareillement l'homme, quand il ſerre les lévres pour donner une moindre iſſuë au vent.

Troiſiémement, il faut placer une lame ſous le lévier, qui fait ouvrir la ſoûpape du réſervoir, qui contient le vent provenant des ſoufflets chargés du poids de deux livres; vent, qui ſe trouve pouſſé avec plus de force, & ſemblable à celui que l'homme vivant pouſſe par une plus forte compreſſion des muſcles pectoraux. De plus on place des lames ſous les léviers néceſſaires pour faire lever les doigts qu'il faut.

Il s'enſuivra de toutes ces différentes opérations, qu'un vent envoyé avec plus de force, & paſſant par une iſſue plus petite, redoublera de viteſſe, & produira par conſéquent les vibrations doubles, & ce ſera l'octave.

A meſure qu'on monte dans les tons ſupérieurs de cette ſeconde octave, il faut de plus en plus ſerrer les lévres, pour que le vent, dans un même-tems, augmente de viteſſe.

Dans les tons de la troiſiéme octave, les mêmes léviers

qui vont à la bouche, agissent comme dans ceux de la seconde, avec cette différence, que les lames sont un peu plus élevées : ce qui fait que les lévres vont tout-à-fait sur le bord du trou de la Flute, & que le trou qu'elles forment devient extrémement petit. On ajoûte seulement une lame sous le lévier qui fait ouvrir la soûpape, pour donner le vent qui vient des soufflets les plus chargés, sçavoir, du poids de quatre livres. Par conséquent, le vent poussé avec une plus forte compression, & trouvant une issue encore plus petite, augmentera de vitesse en raison triple : on aura donc la triple octave.

Il se trouve des tons, dans toutes ces différentes octaves, plus difficiles à rendre les uns que les autres ; on est pour lors obligé de les ajuster en plaçant les lévres sur une plus grande ou plus petite corde du trou de la Flute, en donnant un vent plus ou moins fort, ce que fait l'homme dans les mêmes tons, où il est obligé de ménager son vent, & de tourner la Flute plus ou moins en dedans ou en dehors.

On conçoit facilement que toutes les lames placées sur le cilindre sont plus ou moins longues, suivant le tems que doit avoir chaque note, & suivant la différente situation où doivent se trouver les doigts pour les former : ce que je ne détaillerai point ici, de crainte de passer les bornes d'un Mémoire concis, que je me suis proposé de donner.

Je ferai remarquer seulement que dans les enflemens de son, il a fallu, pendant le tems de la même note, substituer imperceptiblement un vent foible à un vent fort, & à un plus fort, un plus foible, & varier conjointement les mouvemens des lévres, c'est-à-dire, les mettre dans leur situation propre pour chaque vent.

Lorsqu'il a fallu faire le doux, c'est-à-dire, imiter un écho, on a été obligé de faire avancer les lévres sur le bord du trou de la Flute, & envoyer un vent suffisant pour former un tel ton ; mais dont le retour, par une issue aussi petite, qu'est celle de son entrée dans la Flute, ne peut frapper qu'une petite quantité d'air extérieur : ce qui produit, comme je l'ai dit ci-dessus, ce qu'on appelle écho.

Les différens airs de lenteur & de mouvement ont été mesurés sur le cilindre, par le moyen d'un lévier, dont une extrémité armée d'une pointe pouvoit, lorsqu'on frappoit dessus, marquer ce même cilindre.

A l'autre bras du levier étoit un ressort, qui faisoit promptement relever la pointe.

On lâchoit le mouvement, qui faisoit tourner le cilindre avec une vitesse déterminée pour tous les airs.

Dans le même tems une personne joüoit sur la Flute l'air qu'on vouloit mesurer ; un autre battoit la mesure sur le bout du lévier qui pointoit le cilindre, & la distance qui se trouvoit entre les points, étoit la vraie mesure des airs qu'on vouloit noter ; on subdivisoit ensuite les intervales en autant de parties que la mesure avoit de tems.

La crainte de vous ennuyer, MESSIEURS, me fait passer sur mille petits détails moins difficiles à supposer, que longs à faire ; on en sent la nécessité à la seule inspection de la machine, comme je l'ai sentie dans l'exécution.

Après avoir puisé dans vos Mémoires, les principes qui m'ont guidé, je serois satisfait, MESSIEURS, si j'osois me flater de vous en voir reconnoître une assez heureuse application dans l'exécution de cet Ouvrage. Je trouverai dans l'approbation que vous daignerez lui donner, le plus glorieux prix de mon travail, & j'acquérerai de nouvelles forces dans un espoir encore bien plus flateur, qui fait mon unique ambition.

EXTRAIT

Des Régistres de l'Académie Royale des Sciences.

DU 30. AVRIL 1738.

L'Académie ayant entendu la lecture d'un Mémoire de M. de Vaucanson, contenant la description d'une Statue de bois, copiée sur le Faune en marbre de Coysevaux, qui joue de la Flute traversiere, sur laquelle elle exécute douze airs différens, avec une précision qui a mérité l'admiration du public, & dont une grande partie de l'Académie a été témoin; elle a jugé que cette machine étoit extrémement ingénieuse, que l'Auteur avoit sçû employer des moyens simples & nouveaux, tant pour donner aux doigts de cette Figure, les mouvemens nécessaires, que pour modifier le vent qui entre dans la Flute en augmentant ou diminuant sa vitesse, suivant les différens tons, en variant la disposition des lévres, & faisant mouvoir une soûpape qui fait les fonctions de la langue; enfin, en imitant par art tout ce que l'homme est obligé de faire; & qu'outre cela, le Mémoire de M. de Vaucanson avoit toute la clarté & la précision dont cette matiére est susceptible: ce qui prouve l'intelligence de l'Auteur, & ses grandes connoissances dans les différentes parties de Mécanique. En foi de quoi j'ai signé le présent Certificat. A Paris, ce 3 Mai 1738.

FONTENELLE, *Sécret. perp. de l'Acad. Royale des Sciences.*

Approbation du Censeur Royal.

J'AY lû par ordre de Monseigneur le Chancelier, un Manuscrit intitulé : *Mécanisme du Fluteur Automate, presenté à Messieurs de l'Académie Royale des Sciences, par M. Vaucanson, Auteur de cette Machine.* M. Vaucanson, expose dans son Mémoire les principes Phisiques qu'il a employés pour l'invention & l'exécution de son Automate, qui est une des plus merveilleuses productions de l'art; il imite si parfaitement le vrai Joueur de Flute, que le Public continue de le voir & de l'entendre avec admiration; ainsi, nous croyons que l'impression du Mémoire de M. Vaucanson sera très-utile pour satisfaire pleinement la curiosité du Public. Fait à Paris ce 12 Juin 1738.

H. PITOT.

www.ingramcontent.com/pod-product-compliance
Ingram Content Group UK Ltd.
Pitfield, Milton Keynes, MK11 3LW, UK
UKHW021151230726
13926UKWH00001B/39